虫虫的 小知识与大秘密

了不起的虫虫 科普绘本

肥土"小超人"蚯蚓

[法]韦罗妮可·科希 著

[法]奥利维埃·吕布隆 绘

胡婧 译

GUANGXI NORMAL UNIVERSITY PRESS

广西师范大学出版社

·桂林·

啊？！
小狼崽儿?
在哪儿呢?
我怎么没看见?

我就是——

肥土 "小超人"

——蚯蚓！

每当农民伯伯有需要时，
我都会伸出援手！

呃……那你能告诉我，
你的"手"长在哪里吗？

我最擅长在土壤中挖出一条条地道：我能够横着挖、竖着挖、斜着挖，甚至转着圈挖！我可是一名挖地道专家。

可是……这样挖地道有什么用处呢？

这个嘛，等到大雨倾盆的时候，
你自然就知道啦！

我可不喜欢下雨，因为一下雨，妈妈就会禁止
我去儿童游乐场玩耍……

我能在土壤中自由穿行。当我挖地道的时候，挖出的土壤被我拱到一边。我有时也会吃下一些土壤，随后以小土粒或蚯蚓粪的形式从尾部排出。

　　哕——！这也太恶心了吧！

哪有你想的那么夸张！要知道，我这么做不仅能疏松土壤，还能够滋养土壤，使其富含有益的微生物。

是不是就像为土壤"充电"一样？

说得对极了！我会把地球上的土壤翻过来，搅过去，再翻过来，再搅过去……

快停下，你要把我弄晕了！

虽然我不像影视剧里的超人那样拥有撼动地球的力量，但在我的辛勤劳作下，下层土壤会被翻到上层，而上层土壤会被埋到下层。就连厨房里的搅拌器都羡慕我的才能！

说到搅拌器，我正好饿了呢。

还不止这些呢！我肥土"小超人"还是个
非常出色的清洁专家！

我妈妈也是这方面的
专家，你应该和她聊聊！

在任何情况下，我
都能保持从容自信。

依我看，你这是为了
凸显自己了不起吧？

可是，小狼崽儿，有件事我不得不承认：我
很讨厌那些锋利的工具。你知道的，它们会把我
修长的身体切短，令我变得丑陋不堪！

什么？哪儿有小狼崽儿？！我怎么又没瞧见呢？

23

你以为我被随意切成两段以后，总能重新生长复原吗？大错特错！拜托你千万别再这么想了！

哦，是吗？我还以为蚯蚓只要被切成两段就会变成两条蚯蚓呢……这样看来，你也吃了好多苦头啊！

听着，小狼崽儿，我这个
肥土"小超人"拥有这么多的
技能，已经很了不起啦！

或许吧，可我还是不明白
小狼崽儿在哪儿……

肥土"小超人"蚯蚓是不折不扣的"土壤专家"。你对此仍抱有怀疑的态度吗？不妨读一读下面的内容吧。

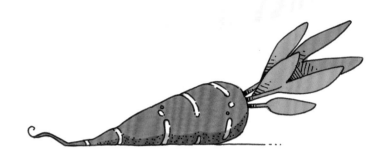

• 蚯蚓会挖掘数不清的地道。正因如此，土壤中的气体才得以通过地道释放。土壤疏松透气，才能更好地"呼吸"！

• 有了这些地道，雨水就能渗入地下深处，并被储存起来！等到植物"口渴"时，它们便可以利用根部汲取储存的雨水来获得水分。

- 由于土壤变得更加松软，植物的根系也更易生长。这些逐渐壮大的根系会形成网络，进而加固土壤，避免滑坡、塌方等地质灾害的发生。

- 蚯蚓还能分解土壤中的有机污染物，从而达到清洁土壤的目的。

FEI TU XIAO CHAOREN QIUYIN

肥土"小超人"蚯蚓

出版统筹：汤文辉　　　　　　责任编辑：宋婷婷
品牌总监：张少敏　　　　　　美术编辑：刘淑媛
质量总监：李茂军　　　　　　营销编辑：赵　迪　欧阳蔚文
版权联络：郭晓晨　张立飞　　　　　　　　张　建
责任技编：郭　鹏

Super copains du jardin: Super Ver de terre
Author : Véronique Cauchy
Illustrator : Olivier Rublon
Copyright © 2022 Editions Circonflexe (for Super copains du jardin : Super Ver de terre)
Simplified Chinese edition © 2024 Guangxi Normal University Press Group Co., Ltd.
Simplified Chinese rights are arranged by Ye ZHANG Agency (www.ye-zhang.com)
All rights reserved.

著作权合同登记号桂图登字：20-2023-230 号

图书在版编目（CIP）数据

虫虫的小知识与大秘密：全 3 册. 肥土"小超人"蚯蚓 ／（法）韦罗妮可·科希著；
（法）奥利维埃·吕布隆绘；胡婧译. --桂林：广西师范大学出版社，2024.3
（神秘岛. 奇趣探索号）
ISBN 978-7-5598-6691-2

Ⅰ．①虫… Ⅱ．①韦… ②奥… ③胡… Ⅲ．①蚯蚓—少儿读物 Ⅳ．①Q95-49

中国国家版本馆 CIP 数据核字（2024）第 015118 号

广西师范大学出版社出版发行

（ 广西桂林市五里店路 9 号　邮政编码：541004 ）
　网址：http://www.bbtpress.com
出版人：黄轩庄
全国新华书店经销
北京博海升彩色印刷有限公司印刷
（北京市通州区中关村科技园通州园金桥科技产业基地环宇路 6 号　邮政编码：100076）
开本：889 mm × 1 194 mm　1/16
印张：2.25　　　　字数：33 千
2024 年 3 月第 1 版　　2024 年 3 月第 1 次印刷
定价：59.00 元（全 3 册）